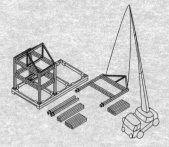
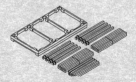

用木头建造的骨架多米诺之家

[日] 黑川哲郎 著

杨希 译

家 的 故 事

吃饭睡觉居住的地方

清华大学出版社

北 京

日本人是如何与木相处的？
又是通过怎样的努力，才一点一滴地构筑起木文化的丰碑？

日本的木建筑——柔韧的构造与有轴的空间

将圆柱竖直插入土地中，这就是日本木建筑的起点。绳文时代的遗址中，出土了直径20厘米的栗木柱子。通过这个发现，有人推测，曾被认为在弥生时代与水稻耕作一起开始传播的高床式建筑，可能在两千多年前的日本便已经出现。人们将柱子与横向架设其间的梁架用草绳绑在一起，这便是经过复原后得出的古代的建筑结构。可以想象出，当时的房子下部与上部屋顶是连接在一起的，整体非常柔韧，可以抵御地震和强风。所谓柔韧，就是即便发生变形，也不会倒塌。

后来，日本进入了古坟时代。从栃木县富士山古坟时代的遗址中，人们发掘出了房屋形状的陶器。屋顶绘有蛇形纹饰，圆柱与圆柱之间的空隙，是让祖先的灵魂往来进出的。这样的屋形陶器就是"轴*空间"。通过外形，我们可以推测，这样的房子应该是用来祈福的，祈求生命轮回或丰收。

How have we Japanese people associated with wood, established our own wood culture, and how and what kind of ideas have we accumulated for?

Wooden architecture in Japan—Elastic structure and Space of axis
Wooden architecture in Japan have appeared in a way of that a log pillar was erected by sinking it into the ground directly.
The joints of the horizontal beams and pillars were knotted with straw rope. It was presumed that an elastic structure had been invented, that had caused distortion yet never collapsed persistently resisting against earthquake and storm by its unified construction with roof.
The house-shaped Haniwa(clay figure) with a snake patterned roof in the Kofun period, was imagined as a facility of 'Space of axis' for ancestral spirits coming and going between round pillars.

＊轴，即柱（译者注）

栃木县富士山遗迹　屋形陶器

1

扎在土里的柱子站到了石头基础上

公元 513 年，百济向日本派遣儒学五经（《易》《书》《诗》《礼》《春秋》）博士。又过了大约 20 年，佛教也传来了。

与僧侣、佛骨舍利一道东渡日本的人们，带来了石头基础、榫卯、金属部件与屋瓦等大型建筑的建造技术。从此，人们在建造寺庙的时候，就不再把柱子直接插进土里，而是将柱子竖立在石头基础上了。

法隆寺始建于飞鸟时代，法隆寺的柱子站立在基座上，又圆又粗，微微鼓起。柱顶有坐斗，是支撑屋顶的支点。而屋顶的重量又可以使建筑保持稳定。

到了白凤时代，日本的建筑在梁或檩的下方附加了枋。枋的尺寸不断变大的同时，人们用锛与锄将圆柱加工得更细。通过柱子内外的构件使屋顶保持平衡稳定，这样的结构与早先柔韧的结构不一样了，是一种柔软的结构。

From a pit pillar to a standing pillar on a foundation stone
By the people who visited with Buddhist priests in AD538, a large scale architectonics such as stone-foundations, mortise-joints, metal hard-wares and tiled roofs were introduced, so that architecture for shrines and temples were changed from a 'pit-pillar' style to a 'standing pillar on a foundation stone'. In the 'Horyuji temple' of the Asuka period(AD 592–710), the round and thick entasis columns erecting from the podium support the roof at a Daito(a wooden joint piece) as a support point, then its stability was kept by the weight of the roof.

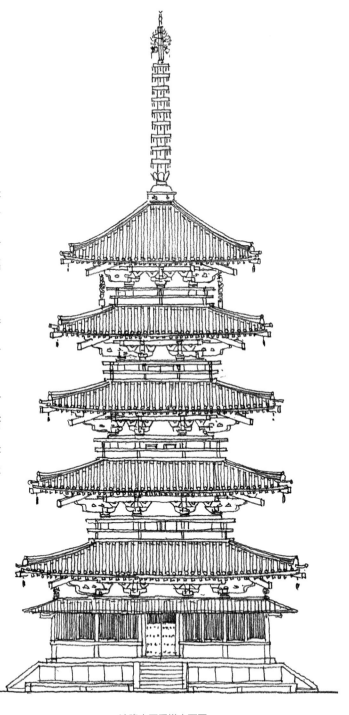

法隆寺五重塔立面图

法隆寺五重塔剖面图

伐木量的扩大与木材资源的枯竭

　　自飞鸟时代建造了板盖宫开始，150年间日本一直处在大兴土木的过程中，接连建造了藤原京、平城京两座都城，圣武大皇时期建造了东大寺，桓武天皇时期又建造了长风京和平安京两座都城等。此外，为远征新罗，日本建造了四百艘战船。为祈求战争的胜利，又营建了石山寺。各种大型工程此起彼伏，为了保证木材供应，人们大肆采伐近畿地区（京都、奈良、大阪）的山林，木材资源已开始走向枯竭。

　　9世纪，皇室、贵族与寺院的庄园越来越大，他们需要占用更多资源。所以，原本靠山吃山的农民们，都不能自由地去山林里获取生活所需了。

The increase of the deforestation for wood materials reservation, and the beginning of wood materials exhaustion
Beginning with the 'Itabukinomiya' imperial palace, the 'Heijokyo', the 'Todaiji' temple, 'Heiankyo' for that 150 years the civil engineering works had increased deforestation in the Kinai area(Kyoto, Nara, Osaka) to reserve wood materials, so that the wood materials exhaustion had already begun. In the 9th century, the area of the manorial system for the Imperial court, the aristocracy, temples and shrines was enlarged, gradually peasants had been losing their rights to obtain life resources such as fuel, wooden barrels and tubs, from forests.

《古事记》与《日本书纪》中关于木材的神话

　　《古事记》和《日本书纪》是日本的两本古书。在这两本书中，都记载着与"木文明"有关的创世神话。在古坟时代，人们在覆盖着常绿阔叶林的肥沃平地开垦水田。一个叫"八岐大蛇"的怪物作乱，引发洪水泛滥。人们为了治水、打败八岐大蛇，建造起名为"八重垣"的建筑，还植树造林，规定了用杉木与樟木造船，用日本扁柏造宫殿，用罗汉松造棺椁，等等。

由心御柱向天御柱发展

出云大社是祭祀大国主神的神社，可以引导大国主神走上高高的天界，那里是其他神明居住的地方。在出云大社里，人们发现了建筑底部的巨大的中心柱，中心柱由三根被金属箍在一起的直径超过 1.2 米的杉木圆柱组成。此外，人们还发掘出了中心柱南北两侧的脊檩柱，东西六根侧柱中的二根侧柱的根部。

在伊势神宫中，内宫用来供奉太阳神天照大神，外宫用来供奉丰穣女神丰受姬。这两处殿宇的柱子都是直接插进地里的，而且没有中心柱。我们可以猜想，伊势神宫是在天武天皇对国家建设的宏伟构想的指导下，逐渐由祭祀万物魂灵的地方，转变为祭祀天地神祇的神道设施的。

出云大社

伊势神宫

Myth of building materials in the Kiki(chronicles of Japan)
The "Kojiki" and the "Nihonshoki" tells us creation myths of 'Civilization of wood'. In the Kofun period, the 'myth of building materials' appears like the follows—a flood control about the extermination of Yamatanoorochi(a eight-head snake monster), 'architecture' about creation of 'Yaegaki(a palace protected by eight layers fences)', an 'afforestation' about planting nursery trees and seeds, cedar and camphor tree for ships, cypress for palaces, podocarp for coffins.

From Shinnomihashira to Amanomihashira
The 'Izumotaisha' shrine, was supposed as a ritual facility that took Ookuninushinomikoto(one of the gods appears in the "Nihonshoki") higher and further to Heaven where gods were living at.
As for the 'Iseijingu' shrine, there is no Shinnomihashira(a central pillar) but only 'round pit pillars' with wooden walls in the inner shrine. This means it had changed from an animism facility to a Shintoism facility to worship the gods of heaven and earth called as Tenjinchigi, under the Tenmu emperor's grand design for nation-building.

融通无碍的轴空间与自由多变的家具布置

在平安时代中期，人们将各种各样的礼仪与节庆活动的程序规定下来，并描绘进画卷中。举办这些仪式的紫宸殿为相应的活动提供了灵活多变的空间。

易学中的阴阳学说影响了日本人的日常生活，除正殿以外，侧殿也可实现典礼和日常兼用。在皇族贵族的寝殿中，家具物品可卷可叠放，轻便易搬运，同时也是室内仪式感的重要组成部分，必要时可清理出宽敞连续的"轴空间"。

走廊上的门户原本都是向上掀开，或者向两边推开的，后来逐渐变成了推拉门。"轴"与"轴"之间不受建筑结构的束缚，既可以变成出入口，又可以围成墙壁。这就是富有日本特色的窗户了。

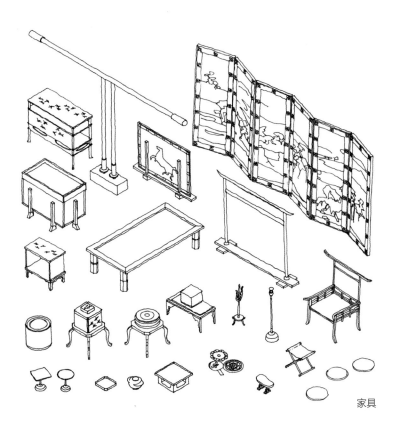

家具

紫宸殿

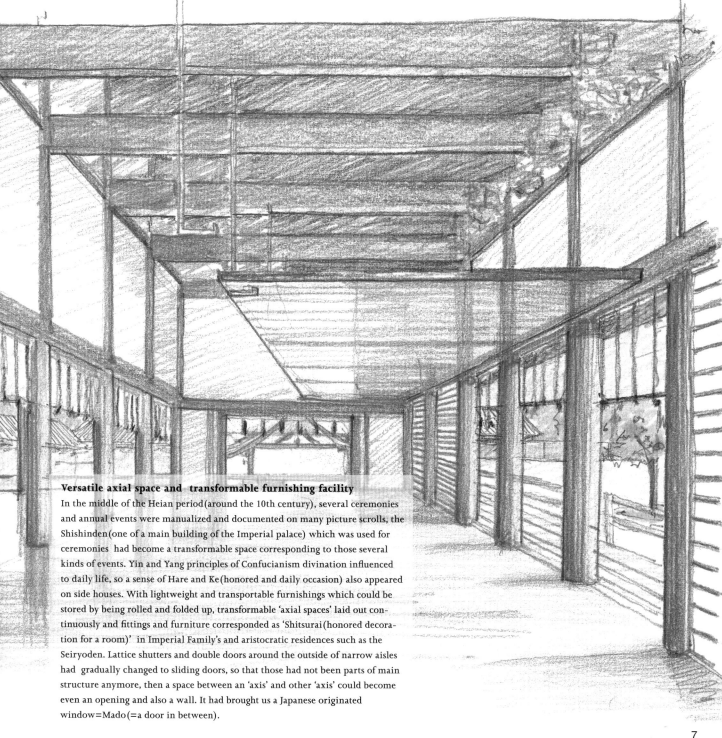

Versatile axial space and transformable furnishing facility

In the middle of the Heian period (around the 10th century), several ceremonies and annual events were manualized and documented on many picture scrolls, the Shishinden (one of a main building of the Imperial palace) which was used for ceremonies had become a transformable space corresponding to those several kinds of events. Yin and Yang principles of Confucianism divination influenced to daily life, so a sense of Hare and Ke (honored and daily occasion) also appeared on side houses. With lightweight and transportable furnishings which could be stored by being rolled and folded up, transformable 'axial spaces' laid out continuously and fittings and furniture corresponded as 'Shitsurai (honored decoration for a room)' in Imperial Family's and aristocratic residences such as the Seiryoden. Lattice shutters and double doors around the outside of narrow aisles had gradually changed to sliding doors, so that those had not been parts of main structure anymore, then a space between an 'axis' and other 'axis' could become even an opening and also a wall. It had brought us a Japanese originated window=Mado (=a door in between).

重源与"贯"构件的引进——轴建筑的弹性化发展与木料筹集

　　木材资源逐渐走向枯竭，大径木材日益稀缺。在这样的背景下，"东大寺"在源平之乱中罹难烧毁，亟待重建。直径较小的立柱若采用"础石奠基式"方式树立，十分容易倾倒。僧人重源为了避免这种情况，引入中国南宋传来的"贯"（Nuki）部件构法，推动建筑构造向"弹性化"方向发展。所谓"贯"，是指柱间穿插的横向连接件，具有抵抗建筑水平应力的作用。

　　其作品"净土寺净土堂"的面阔、进深均为三间（18.2 米）。正堂内，十六根柱子全部直接支承屋顶。其中，面积为一间见方的内殿成为正堂的内部嵌套空间，其上穿插架设通肘木、插肘木及虹梁。

　　"东大寺南大门"面阔 28.8 米，进深 10.8 米，十八根支柱高达二层，承接屋顶。其中，"贯"部件被用以连结这些高柱。由通肘木和插肘木组合成的六层斗拱与"贯"合为一体，支撑着深远的出檐。门扉之上部的"贯"用以限定彼岸之境域的边界。

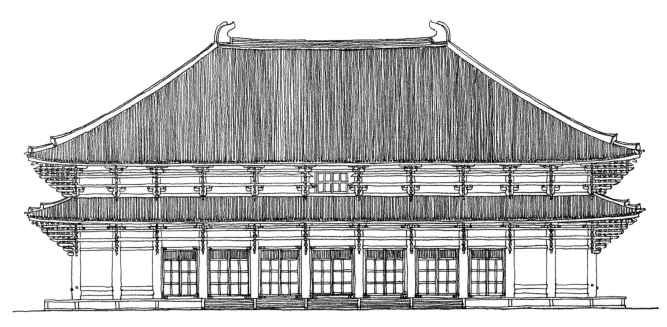

东大寺佛殿　立面图

"东大寺大佛殿"进深约 50.4 米，面阔约 86.1 米，内部空间高 48.5 米。这个硕大的空间由 92 根立柱支撑，是一座大型木构建筑。

僧人重源为建造此类建筑，不仅远涉周防国（山口县）的佐波川寻求到直径 1.5 米、长约 30 米的大径高木原料，也独自潜心钻研"贯"与肘木的相配尺寸。他以建成"安全且经济的建筑"为目标，推动了建造技术的合理化改良进程。

净土寺净土堂 剖面图

净土寺净土堂 立面图

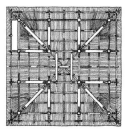

净土寺净土堂
顶部构造仰视平面图

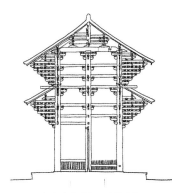

东大寺南大门 剖面图

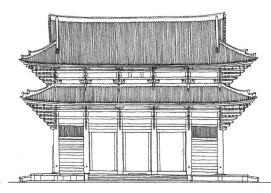

东大寺南大门 立面图

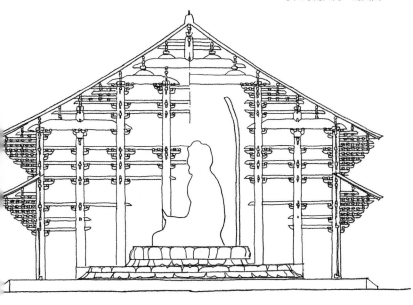

东大寺佛殿 剖面图

Nuki(a crosspiece between pillars) of Chogen's device—elastic structurization of axial architecture and supply for wooden buildings

Progressing exhaustion of wood materials, during the situation that it was hard to obtain thick wooden materials, Chogen(a Japanese priest: AD1121-1206) started the reconstruction of 'Todaiji' temple. On that project, he invented an elastic structurization using a 'Nuki' which was introduced from Southern Song(dynasty of China). A 'Nuki' is a running piece between pillars, it gives resistance against a horizontal force in a building.

In the 'Todaiji Nandaimon', it is as large as that the crossbeam measures is 10.8 meters and the purlins measures is 28.8 meters, 18 pillars stand up towards the roof as tall as two floors, and the 'Nukis' joint them together.

The 'Todaiji Daibutsuden' is a large-scale wooden architecture as that the crossbeam measures is about 50.4 meters, the purlins measures is about 86.1 meters, the height is 48.5 meters, and the 92 pillars support the huge space.

禅宗寺院的细柱薄贯

　　禅宗佛教于镰仓时代传入日本，当时，日本国内木材枯竭的情况愈演愈烈，以至于禅宗寺院建筑的柱子不得不向细短方向发展。因此，建筑的主体空间构架"轴组"与屋顶构架"小屋组"开始分离，各成体系。"轴组"中的立柱由"内法贯"等构件连结固定，"小屋组"的短柱由正交的贯板连结固定。至此，"贯"在建筑中的作用更为明确。此时，制造贯板所需的木材量比较少，同时，日渐变细的柱子反而更加强化了建筑的"轴"的通透视感。

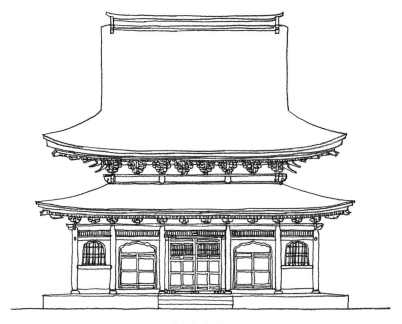

圆觉寺舍利殿立面图

Slender pillars and thin Nuki in Zen temples
In the Kamakura period (AD1185–1333),when Zen was introduced, more wood exhaustion increased and pillars in Zen temples got slender and shorter, so that the pillars fixed with the Uchinorinuki were jointed separately from the 'Koyagumi(roof frames)' in which Nukiita braces ran through 'Tsuka(roof posts)' at a right angle. So the function of Nuki became clearer and Nuki itself got thinner, and the amount of wood were minimized, then those slender pillars give us more impression about 'Jiku(axis)'.

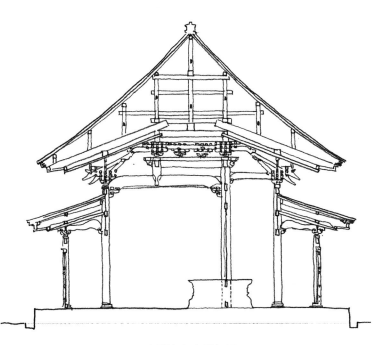

圆觉寺舍利殿剖面图

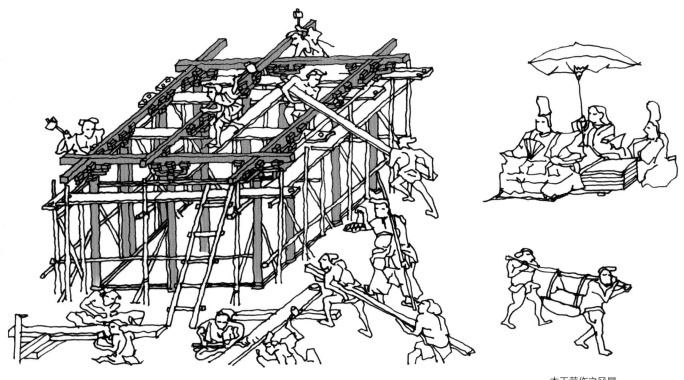

木工劳作之风景

向土墙与榻榻米铺地的转折·角柱与鸭居的普及

　　木材的严重枯竭引导住宅建造方法发生转变，木板墙渐由土墙取代，铺地材料也由木板转变为榻榻米草席。建筑形式的改变，使居于其中的人们感到度过炎炎夏日时有诸多不适。一如兼好法师在《徒然草》中所感叹的："房屋建造须为度夏筹谋。"不过，为了通风消暑，袄与透光纸障子等建筑部件迅速发展。随之，用来框纳这类建筑部件的角柱与鸭居也开始普及应用。由此造就了日本独特的建筑语汇——"引户"。

　　桃山时代，人们发明了带滑道的雨户，称为"一筋雨户"，至此，"轴住宅"再度恢复了开放性特征。

Change to mud walls and tatami mat floors, and the spread of square pillars and Kamois(lintels)

By the wood exhaustion more and more, finishing of houses changed from a wooden wall to a mud wall and from a wooden floor to a tatami mat floor. A Fusuma(a papered sliding door) and a paper screen door for admitting light were more developed, and square pillars and Kamoi lintels which support those fittings spread out to the common. So, a 'Hikido(sliding door)' was developed as Japanese own architectural culture.
In the Momoyama period(AD1573–1603),
A Hitosuji=Amado(a rainproof door) was developed, and an 'Axial house' again became open.

慈照寺东求堂

桂离宫

书院与数寄屋之诞生

慈照寺东求堂（内景）

室町时代（1336—1573 年），"贯"构件在"轴性构法"中得以长足发展。在轴性结构体系中，立柱由上部的隐于土墙中的"内法贯"和地板下部的"足固贯"连结为整体框架，由地板至天棚形成通透开放的空间。这种开放的"轴空间"由内法长押（滑道侧面附加的柱间横向连接件）及其上部的墙体界定划分，由内向外依次为大厅、室内回廊、檐下的半室外空间，形成空间的层次序列，成就了建筑空间的多重层次性。

此外，内部空间的子空间边界由上下同相位的柱间横向构件来界定，由此成就了结构的重叠性。至此，具有一定规格形式的"书院"式建筑诞生了。这种形式在日本平民住宅中由明治时代沿用至昭和初期。

更进一步，位于柱间横向连结部的鸭居（障子等推拉门上部的木制滑道）、栏间（天棚与鸭居之间的矮窗）、小壁（鸭居之上的矮墙壁）、栏间障子（天棚与鸭居之间的推拉窗）等构件的出现提高了建筑内部的通透性与空间感，造就了数寄屋这种新的建筑形式。桂离宫中即出现了该建筑形式——柱子愈加纤细轻盈，贯木变形为轻薄的贯板，鸭居承纳着可移动的建筑装置，长押转变为一种装饰构件。昭和初期来日的外国建筑师认为，这种建筑形式表现出强烈的"日式的枯淡静寂之审美"，对其给予极高的赞赏。自此，数寄屋作为一种绝美的建筑形式，引起世人的广泛关注。

但是，在木材资源走向枯竭的大形势下，我们未曾忘记，这些建筑形式并非以美学概念的表达为设计初衷，而是工匠技师们以建造"安全的建筑"为目标而潜心钻研建筑技术所获得的成就。

The birth of Shoin and Sukiya

In the Muromachi period(AD1336–1573), A Nuki was developed into an 'axial construction method' that an Uchinorinuki and an Ashigatamenuki were joined together to pillars, so that an open space from the floor to the ceiling was generated. An Uchinorinageshi and an Arikabe divide this 'axial space', and it causes multilayeredness from the inside of the hall, the cloister and the Tuchibisashi to the outside, with the super-positioning of the both upper and lower phase about an Uchinori as a boundary. By that reason, a formal 'Shoin' was generated.

An architect visited to Japan in the early Showa period respected the 'Katsura Rikyu(Imperial Villa)'—in which a Kamoi, a Ranma, a Kokabe, and a Ranmashoji made a space filled with 'Suki(translucency)' and 'Ma(space)', so those elements created the 'Sukiya'. A pillar became much thinner, a Nuki changed to Nukiita(a flattened Nuki), a Kamoi became a support for fittings, a Nageshi turned to a decoration material. He impressed the 'Katsura Rikyu' as an expression of 'Japanese Wabisabi' so that 'Sukiya' attracts people as a kind of aesthetic style. However, thinking about wood exhaustion still going on, we never forget that all those who invented lots of techniques one after another, to create 'Secured architecture'.

松榉木制大径柱与差（插）鸭居所构造的住宅

桃山时代，大规模的城市建设推动了木构住宅建造技术的发展。为了提高建筑的稳定性，使其可抵抗地震与暴风的威胁，人们创造了一种新的木构件的节点构造方式——"差（插）鸭居"。这种构法是将大径松木制鸭居的端头部插入榉木柱子中，与屋顶构架连为一体，构成异常稳固的"限制性轴式构造"，是一种唯用木材方可实现的"半刚性构造"。

江户时代后期，北陆地区盛行的耐雪压住宅建筑形式传入关东地区。这类民宅应用差鸭居构造法，在宅内由袄或障子所围合的"2间×2间"尺度的厅堂里可感受到"令人愉悦的穿堂风"。今天，这些坚固的民宅依旧随处可见。

今西家宅

今西家宅平面图

Private houses built with thick pillars of Matsu(a pine tree) and Keyaki(a zelkova tree) and Sashigamoi
In the Momoyama period, the house-building carpenters' techniques which had been developed in building of castles invented original joints for wood as a 'Sashigamoi'—an edge of the thick pine Kamoi(lintel) causes a compressive shrunk onto a pillar of Keyaki, so that it resists patiently against earthquakes and storms, and prevents from collapse. This construction method makes a very strong 'axial structure=Wakunouchi' connecting with roof frames, and is a 'Semi-rigid joint' only for wooden construction.

由供给生活资源的采伐型林业转向
供给建筑材料的植育型林业

城市建设、寺院建造需要进行建设材料的筹集工作，丰臣秀吉将这类工作结合土地丈量和地税征收工作来完成。其举措为：扩大林业经营用地范围，将林地经营使用权赋予农民，使农民摆脱地主豪强的管治。同时，使用权限归属农民的林业用地不再纳入丈量与征税的范围，称"入会权"。

德川幕府在其直辖的飞驒与木曾道中等地实施了河流改道工程，虽然一方面提高了木材的运输效率，但另一方面，各大名领地的府邸建设与农地开发等活动促使乔木林地锐减，招致大量水患。宽永与明历年间的两场大火之后，为复建江户城，必须筹集大量的木材。因此，德川幕府转变了统治政策，立法限制山林地的经营与木材的任意采伐。由此开始，幕府与农民"入会权"的纷争，一直持续到"二战"后"农地改革"新政提出之前。

因为德川幕府的这一举措，日本领先于世界，在江户时代便使本土林业完成了由供给生活产业资源（炭等燃料制造之原料／桶樽等生活用具制造业之原料）的采伐型林业向供给建筑资源的植育型林业的转变。

在此期间，民间的植育型林业经营活动在关东、东北以及九州地区广泛开展。富有天然林的津轻、人吉等地归属于地方大名（领主）管辖。在这些地方，集林木的种植权和采伐权于一体的"植伐权"可被自由交易，林业经营活动（包括栽培、除草、间伐、主伐等工作）的劳动效率高、发展状况良好，衍生出一批"地主式的山主"。但是，由于林木生长周期过长，资金回流过慢，林业经营渐渐步履维艰。资金收入的缺乏也导致育林技术难于发展。这些山主难于成长为"林业资本家"，时至今日，这个问题依然持续。

未能遂行的"木构建筑的现代化发展"

明治时代，官民兼顾治理水患，共同进行了大规模的造林运动，以杉树为主。这些杉木材在电网架设与学校建设等项目中被广泛利用，推动了日本的近代城市建设。但在此时，老百姓所建的采用"书院造"构法的日式木住宅，因构造中的重要构件"贯"被移至土墙之下，导致其结构强度和稳定性降低。每逢地震、台风等天灾，这类住宅极易倒塌，造成重大损伤。当时的日本建筑结构研究者们参考 1906 年美国旧金山地震引发的灾害状况后，认为理想的日本现代住宅应采用钢筋混凝土结构。于是，伴随山林生态护育和林业振兴同步发展而来的"木文明"，以及被世代日本民众所珍视的"木文化"，均遭舍弃，"木构建筑的现代化发展"戛然而止。

"二战"后复兴期造林规模的扩大·板式承重结构"在来工法"的诞生

在"二战"后经济复兴时期，杉木材被大量应用于城市建设，如住宅、桩基、脚手架、电线柱等，同时，大规模的植树造林活动相应开展。在这一阶段，一方面木材原料与木工均十分短缺，另一方面，社会需要快速地建成大量的住宅。在此情势下，1950 年《建筑基准法》颁布。该法提倡采用"置入斜撑部件的抗震抗风型板式构造"的木构住宅形式。这一住宅构造形式不知为何被称为"在来工法"。1959 年，伊势湾台风袭击日本，损毁了大量木构住宅。在此之后的 20 年中，木构建筑的研究始终停滞不前，而人们也开始步入煤炭与石油能源的高消费时代。在此之前一直为社会运作提供薪炭能源的里山森林逐渐消退，全球规模的森林退化已拉开帷幕。

木材进口的自由化与"在来工法"的合理化

20 世纪 60 年代至 70 年代，日本放开了对外国木材进口的限制，美国与加拿大等木构技术强国在向日本输出木材的同时，也输出了名为"2×4"的、即以截面尺寸为 2 英寸 ×4 英寸的木料为主要用材的构造方法。最初，日本建筑界相关人士较为抵制这些进口木料，在其看来，"2×4"的板式构造并不能融入日式木构住宅的梁柱体系中。但此后不久，传统木工传承者短缺的状况日趋严峻，随着木料加工向"工厂预制化"和"板式化"等所谓的"合理化"方向发展，本应予以纠正的"在来工法"在这股潮流中愈发向板式构造方向发展。于是根据日本的国情，欧洲与大洋洲等木材输出国开始依照日本"在来工法"建筑部件的尺寸加工木料，再出口至日本，使出口量进一步增大。与日本本土产的杉木和扁柏木相比，进口的松木等木材更易干燥，木料的使用成本较低，价格便宜，在预制加工时更易进行品质管理。

森林的功能缺失

如此，进口木材轻松地战胜日本本土木材，成为日本木构住宅的主要用材。日本本土林业因此而衰落。那些无人养护的杉树，或弯曲变形，或上下粗细差异明显，或不同株之间木质强度差异加大，因而难于作为建筑材料而得以应用，只能被弃置。由于疏于管理，森林的涵养水源功能也渐渐消失。

消失的木文化

自从制冷空调开始普及应用，日本的木构住宅便向高隔热性、高气密性和机械式通风方向发展，其"板式"的结构特征愈加明显。在 1995 年的阪神淡路的地震中，大量的木构住宅倒塌。这次事件之后，木构建筑规制中进一步加重了"板壁"构件的应用比例。如果我们任由这种态势发展，让"在来工法"成为日本木构住宅的唯一构造模式，那么源自绳文时代的体现人与山林共生理念的"木文化"必然消逝。

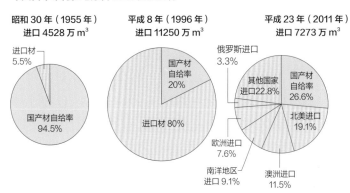

今天日本木构住宅原料 75% 为进口材

昭和 30 年（1955 年）
进口 4528 万 m³

进口材 5.5%

国产材自给率 94.5%

平成 8 年（1996 年）
进口 11250 万 m³

国产材自给率 20%

进口材 80%

平成 23 年（2011 年）
进口 7273 万 m³

俄罗斯进口 3.3%

其他国家进口22.8%

国产材自给率26.6%

北美进口 19.1%

欧洲进口 7.6%

南洋地区进口 9.1%

澳洲进口 11.5%

为了激发本土森林资源的环境维护和土地保护机能，我们必须为森林资源的利用与本国林业复兴寻求可靠的途径。

我认为，为了复兴日本的林业经济，我们必须将三个关键点整合于一体来考虑：一为日本自产"木材的性质"，二为日本民众一直偏爱的"理想住宅形式"，三为在传统木工匠人中代代相传的"木构住宅建设方法"。基于这一认识，我创造出一种新的构造方式与结构系统，可称之为"骨架多米诺"（skeleton domino）。

"骨架多米诺"的构造方式与结构系统

日式传统住宅适应本国的气候风土与生活文化，民居中的"差鸭居"式结点构造法有效地连结了大径柱与梁。在"骨架多米诺"中，我们对此进行了现代化改良，并利用"二战"后培植的成材杉木作为结构的主要用材。本结构体系由四大系统组成，分别为：支持流通空间的 skeleton（空间骨架系统）、具有良好采光通风和温湿调节性能的 membrane（覆膜系统）、调控建筑整体室内温度的 apparatus（空气循环机械系统）、自由可变的室内空间 infil（内装系统）。

该结构体系最明显的特征为：利用木材的高比度*优势，将结构的"容许应力强度"的设定值调低，小于结构实际可耐受的最大应力值，以此使立柱截面的抗应力强度高于实际需求，提高建筑骨架的稳定度。在此基础上破除建筑骨架对外层表皮的约束，并将空气循环与内装分离，以便于室内空间的自由布局和改造。

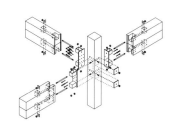

骨架多米诺

差鸭居

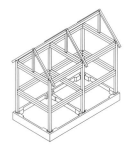

---

*比强度：材料的抗拉强度与材料的表观密度之比值。（译者注）

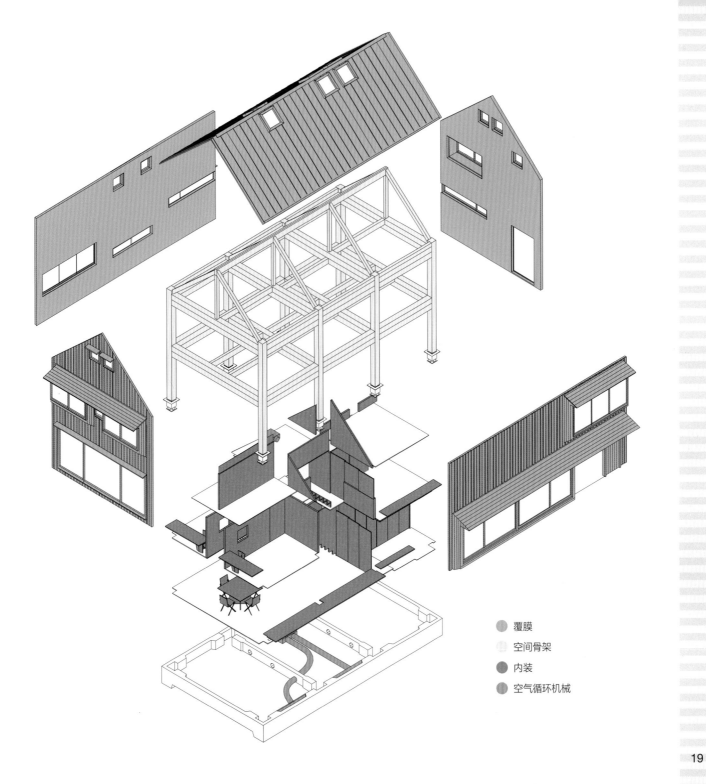

覆膜

空间骨架

内装

空气循环机械

"骨架多米诺"之"空间骨架"

"骨架多米诺"系统中，与覆膜相互独立的"空间骨架"是一种三维的空间网架，也可被理解为一种带有台层的支架体系。

"分解前现代的箱式建构体系"是现代建筑界内人士的共同课题。据称，这些现代建筑师们从日本传统建筑空间的透明性与流动性即"轴建筑"的特性中获得很大的启发。

美国建筑大师弗兰克·劳埃德·赖特（Frangk Lioyd Wright，1867—1959）设计了草原式（Prairie Style）住宅，并以此为基础，将该形式发展为美国风格（usonian）住宅形式。在该形式中，设计者为了向普通大众提供高质低价的住宅，推出了便于工业化生产的单元体系组装设计思路，并尝试采用地暖式建筑供热技术。建筑构件依照单元体系置入，使室内外的空间建设同步完成，达到自然环境与建设场地一体化融合的空间效果。赖特所提出的"建筑的本真为空间"，"空间应具流动性"等思想恰与"日本轴建筑"的本质相契合。

法国建筑大师勒·柯布西耶（Le Corbusier，1887—1965）创新性地提出建筑主体要素组合形式"Domino System"（多米诺体系），仅由楼面板、柱子与楼梯构成。通过该结构体系，柯布西耶提出了几点建构思想：一为空间的透明性；二为"现代建筑五原则"（底层架空、自由立面、横向长窗、自由平面、屋顶花园）；三为"创造独立框架结构，并以固定的储物架取代家具对空间的限定"。以上思想体现出与"日本轴建筑"相似的空间概念。

德国建筑大师密斯·凡·德·罗（Mies Van der Roke，1886—1969）所设计的四方平面玻璃材质的范斯沃斯住宅与传统日式住宅异曲同工，也强调通透的建筑空间与自由布局的家具之组合关系。在范斯沃斯宅内，自由通融的大空间内无台阶障碍，居中核心部集合了厨房、浴室与暖炉，

美国风住宅（Usonian House）　　　　多米诺结构体系（Domino System）　　　　范斯沃斯住宅（Fransworth House）

四周地面上摆设着设计师独创的家具作品。

奥地利建筑大师阿道夫·路斯（Adolf Loos，1870—1933）提出了"空间体量设计"（Raumplan）的住宅设计思想，意在让居住者在不同的空间里体验不同的生活形式。在其概念中，建筑被细分为一系列子空间，各个子空间之间的关系并不能通过逐层的建筑平面来分析表达，而是应像理解三维棋格一样，以立体的建构思维来解析思考。

创办荷兰美术杂志 *De Stijl*（风格派）并推广相应艺术运动的画家、建筑师、艺术设计师们，尝试将现代绘画中对"光、色、点、线、面"的使用手法应用于立体的建筑设计之中。

建筑师藤井厚二（1888—1938）崇尚一种契合日本本土气候地形的住宅形式。由他设计的"听竹居"由许多面积为三至四叠*的小房间组成。这些小房间与欧美住宅中功能固化的房间不同，关上"袄"（内室推拉门），即为小居室；拉开"袄"，则与邻室连成起居大厅。

师从赖特的土浦龟城（1897—1996）与其师在设计风格上有所不同，他转向了"镶嵌大落地窗的白色立方体"的设计风格，在室内空间中增设跃层，形成大空间内嵌小空间的空间格局。

我所思考的理想空间网架的形象是：建筑中设置着像玩具一样可自由移动的格架，无论是建造者还是居住者，均可通过变动格架的空间位置来调整建筑的立面形式与室内空间的分隔形式。

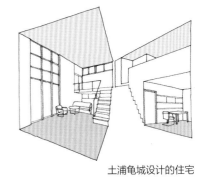

土浦龟城设计的住宅

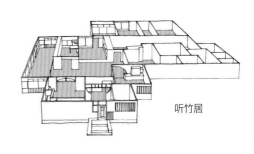

听竹居

"空间体量设计"
式住宅（Raumplan）

风格派住宅（De Stijl）

———————————————
*叠：量词，一叠为 1.62 平方米。（译者注）

"骨架多米诺"之"内装"

"骨架多米诺"结构中的"内装"是指由家具与活动隔断所组成的内空间分隔系统。

如果杉木集成板材在具有收纳性和设备性的家具的制作中得以应用，那么本国木材亦可成为室内装修材料，即该材料在建筑中的使用范围得以扩大。如此一来，建筑空间的木构质感可被进一步强化，同时，木材优异的湿度调节性能也可得到良好的发挥。

我们用厚度为12毫米的山毛榉胶合板材制作成名为"翻转"（Turnover）的折叠椅，椅子的背板与座板的尺寸一致。由于其自由移动的便利性，这种椅子可在任意空间内使用，并不局限于"餐厅"或"书房"。该椅子折叠合起后便成为一枚厚度仅为25毫米的平板，可被收纳于室内任一狭隙空间中。

直纹杉木材的自然质地具有独特的美感与柔度，用这种材料制造成的桌椅套件被我们命名为"Masame Series"（直纹材系列）。该系列家具可唤醒日本人骨子里对木材的固有情愫。

另外，我们也设计了一种新式障子，名为"欠樋端障子"，即下部门框不设滑道沟槽的障子。障子的边框尺寸与内部栅格细木尺寸基本一致。由于门框不设滑道，则障子所分隔的两个房间可平滑地连接。障子作为一种室内空间的分隔物，也可用作建筑的活动覆膜，控制住宅内外空间的联系。

如上所述，建筑师不仅设计住宅本体，还可设计并制造具有收纳性、装饰性的木制家具和活动隔断。这种设计模式可为山林经营者带来临时收入，并通过扩大木材资源的利用范围来促进循环型林业经济的发展。此外，利用高龄木材制造家具和室内隔断，亦创造出一种不拘于特定木材形态、纹理、质地的"新型数寄屋"。

厨房单元

"翻转"折叠椅（Turnover）

直纹材系列（Masame Series）

"骨架多米诺"之"覆膜"

若将杉木材应用于覆膜，则可以辅助建筑室内多余热量的散发，有助于室内的自然采光与通风而创造"健康之家"。同时，对于自空调普及以来由高气密性住宅所引发"Sick House"（致病的屋）病，该覆膜也是一种较好的解决对策。

障子与窗皆为覆膜的重要构成部分。明亮的障子不仅是一种和室的文化符号，实际上，障子与雨户之间的狭小空间会产生温室效应，使其成为一种收集太阳能的取暖装置。

"烟囱窗"（Chimney Window）是我们根据烟囱效应设计的一种换气窗。当窗扇全部关合后，多层窗框保证了窗子良好的气密性、隔热性与隔音性，其内部附加的纱窗也使该装置具有良好的遮阳性。

欠樋端障子

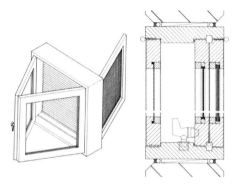

烟囱窗（Chimney Window）

"骨架多米诺"之"空气循环"

"骨架多米诺"体系中的温湿调节并不单纯依靠空调等电器设备，而是最大限度地利用建筑本体的调节机能。建筑的混凝土基础构成了一个容器，我们在该处安置了一个空气循环装置，让房屋中的空气由此流过，利用该处相对稳定的土层温度对空气进行加热或制冷，创造冷暖空气自然循环对流的室内环境。

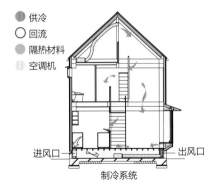

●供冷
○回流
▨隔热材料
▤空调机

进风口　　　出风口

制冷系统

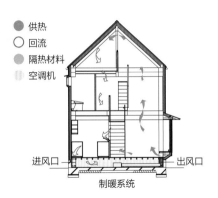

●供热
○回流
▨隔热材料
▤空调机

进风口　　　出风口

制暖系统

"骨架多米诺" 体系的构思历程

我自 1970 年开始从业,早期也曾设计一些钢结构或钢混结构的住宅,不过从 1978 年的"田中邸"开始,我尝试营建木构住宅。"田中邸"的结构是这样的:建筑四角部设承重墙体,二层楼板的荷载由一层中部的两根柱子来承担,二层中部通敞无柱。从室内观墙体,建筑皮层处的非承重柱群体像一组独立于结构体系之外的空间"坐标"分格,由此,我认识到了"木构骨架"发展的可能性。

随继,我又设计建造了"高杉邸",在其中运用了重源和尚的"贯",架设出通透的轴式木构骨架。该建筑的屋顶亦为一个集热装置,暖空气在住宅北侧下降,积于地板下方后又由建筑东西两侧上升。设置气流间层的建筑外墙不受框架结构的约束。这一实践案例是我的"木构多米诺体系"的思想雏形。

1983 年,我主持建设"伊东邸"。在这个由大屋顶结构形成的一体化建筑中,室内空间呈现流通自由的状态。不过,为提高承重墙体的稳定性,我在外墙的外侧也置入了斜撑构件。由此我深感:为了将承重性外墙去除,有必要开发"骨架多米诺"结构体系。

由于日本产的集成木材价格较高,我首先利用进口集成材试行开发"骨架多米诺"结构体系,建造了"山本邸"。其中,梁向的构件采用集成材,其他方向的构件采用结构用胶合板,盒式的通敞的内空间包含六种地面高度的子空间。成为具有竖向"坐标"的三维空间网格。

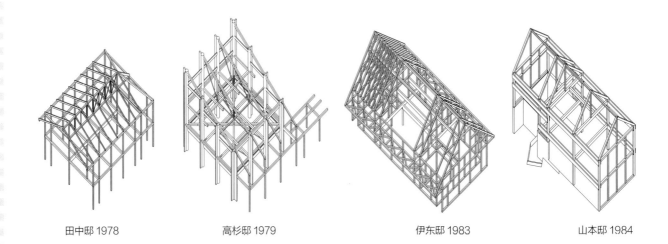

田中邸 1978　　　　高杉邸 1979　　　　伊东邸 1983　　　　山本邸 1984

同年，我赴富山县砺波一带参观民居，在厅堂发现了一种由榉木柱与松木鸭居拼插结合而成的名为"差鸭居"的优秀的节点构造方法，方知"日本木构建筑"中也存在传统的"半刚接"弹性构法。对比密排10厘米细柱构成"刚性板壁构造"的"在来工法"，我从"差鸭居"式的弹性构法中看到国产木材利用的希望。

基于这番经历，我在"菊地邸"建设中为了实现横纵两向的"半刚接"构造，对传统"差鸭居"的插接构法进行现代化改良，经力学计算，设计出"横纵梁—柱交叉结合构法"。按该法建构，梁柱协同承重，横纵向均无承重墙，立体梁柱框架与屋顶框架连为一体，成为骨架多米诺体系。这一结构体系在此之后的十三个项目中得以进一步研讨、完善。

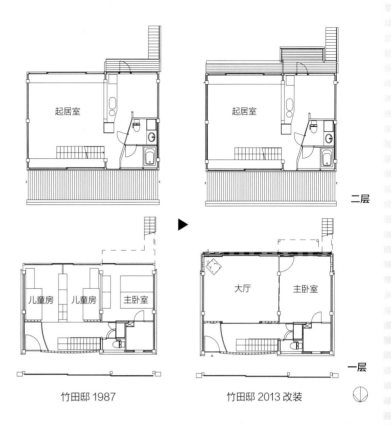

二层

▶

一层

竹田邸 1987　　　　　竹田邸 2013 改装

在1987年建成的"竹田邸"中，我在与邻宅相接的山墙为"半刚接框架＋框架墙"构成的"Skeleton Monocoque"（骨架壳）式结构，作为承重墙。在二重梁框定的"小屋里"*之下增设凸窗与阳台，以此扩大建筑的使用空间。25年后，屋主拆除了两间儿童房之间的隔墙，将两房间合并为一通敞的大厅，通过功能转换实现建筑的永续利用，造就"长寿住宅"。

菊地邸 1985　　　　　竹田邸 1987

---

* 小屋里：指屋顶与天花板之间的小空间。

采用无垢*原木的
骨架多米诺住宅

对于去皮后经自然干燥所成的杉树原材（圆材）的优点，经全国36个骨架原木（"Skeleton Log"一种利用日本森林资源的建筑构法，有望扩大本土木材在建筑建造中的利用量）的公共建筑设计实践，我已产生深刻的认识。于是，我决定在住宅设计中放弃既往的进口集成材，改用"原木建造骨架多米诺式住宅"，成果即为"K & I 邸"。

这座住宅的设计摒弃了"高隔热性、高气密性、依赖机械通风"的惯常住宅形式，用杉木制造的收纳性家具与空间隔断等发挥了良好的温湿调节性能，使该住宅成为"自然采光、通风效果良好的令人愉悦的日本木构住宅"。

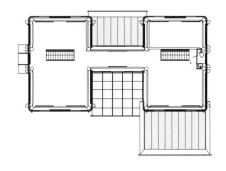

骨架多米诺之基础

K & I 邸

*与胶合板或集成材不同，无垢材是从原材（圆材）上直接切取的，具有天然木头原本的质感，也可对室内湿度起到调节作用。

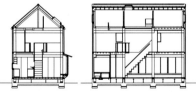

采用无垢大截面锯材的骨架多米诺住宅

2010 年代开始，直径超过 30 厘米的大径木材的供应开始趋向稳定。另一方面，由于锯材干燥技术长足发展，自然干燥技术与人工干燥技术同步得以广泛应用。基于以上两点，本土大截面锯材的价格终于降至与进口集成材一致。在这一阶段，我设计建成了"无垢大截面锯材的骨架多米诺式住宅"，即"I 邸"。

建筑内设置的柱子的数量可减缩至"在来工法"的十分之一，并可通过电动工具高效加工。

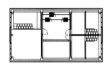

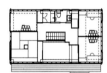

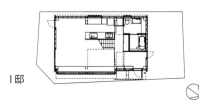

I 邸

骨架多米诺之
组装节点

"骨架多米诺" 之展望

过去，日本的山林作为建筑材料来源而得以利用，形成"造林育林——主伐——再造林育林"这样的循环林业经济。然而低廉且易加工的进口木材对本土木材构成极大的竞争压力，导致今日日本本土木构建筑陷入艰难的发展局面。

鉴于此，我利用日产强度低、形状不规整的大芯杉木，将其制成大径圆材或大截面锯材等无垢材，并结合日本林业复兴计划，开发出"可扩大日本森林资源作为建筑用材的使用量的建筑构法"，即"骨架多米诺"。

如果将"骨架多米诺"的"骨架"视作汽车的底盘，那么建筑覆膜中的窗门框、壁板和隔热材料，建筑内装中的隔断与家具，空气循环系统中的冷暖空调装置等基本部材均可被视为汽车的"零件"，房屋建设便犹如汽车装配。当然，每座住宅均因所在场地的特征而具有一定的个性。但"骨架多米诺"建筑模式的推行是以"保障品质""精确的构造计算"，以及实现"生产·供给"之高度合理化为目标，并使住宅建筑部件的"木制化"成为可能。

"骨架多米诺"的构建思想迎合了居住者的愿望，可表现建筑师的个性，并使地方木工之技能得以发挥。如果该构建思想得以推广普及，定将推动森林木材资源在建筑中的应用，带动本土循环型林业经济的复兴。

安全、健康、长寿的"骨架多米诺"住宅可以有多种变体，如城市型三至四层高的"二世·三世同堂式住宅""附加办公或店铺功能的住宅"，或郊外"大屋顶住宅"等。此外还可以向集合住宅与灾后复兴公营住宅方向发展。在此基础上，其应用不局限于住宅，还可在校舍、礼堂等中低层公共建筑领域寻求发展。

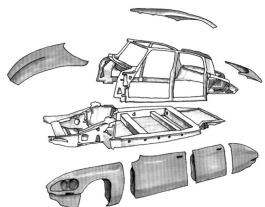

法国雪铁龙汽车1950年代开发的DS车体结构。车厢主体结构在箱形截面的坚实的底盘上组装，然后通过焊接将各构件固结为一体，形成为结实的骨架。汽车表面安装的外板是非受力构件，可自由拆换。

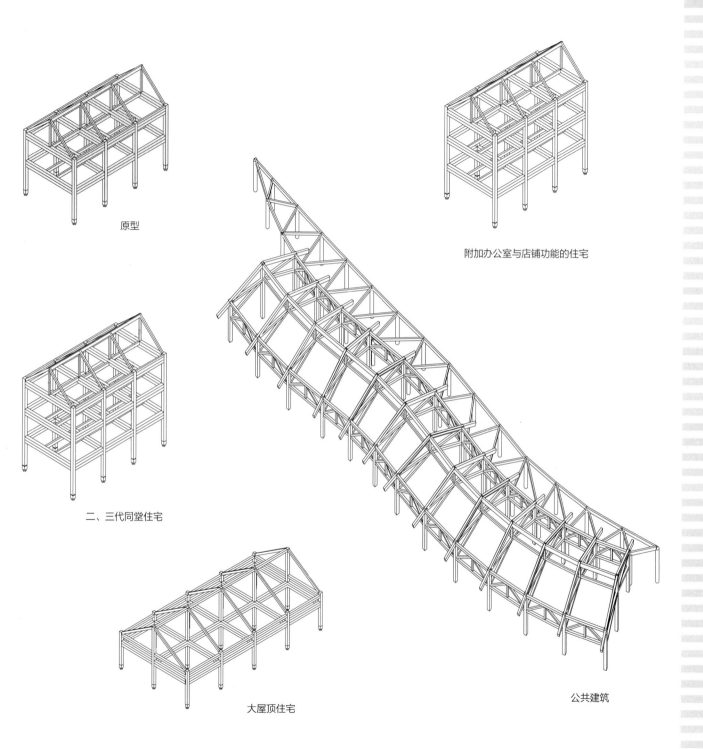

原型

附加办公室与店铺功能的住宅

二、三代同堂住宅

大屋顶住宅

公共建筑

K & I邸

解说

对话黑川哲郎

田中元子

何为真正的建筑进化

回归本土

建筑设计工作需要强大的精神力量作为支持。建筑设计中不存在绝对的最优解，恰恰因此，建筑师们无不苦心思考、实践，以求作品更接近"完美"。纵观黑川哲郎先生迄今为止的所有建筑作品，你会感受到他对建筑进化孜孜不倦的追求。

从古至今，人们在建造屋宇之前，首先解读、领悟所处地域之风土个性，然后自然而然地推导出适地的营建方式。其成果之一便为本书中详细阐释的、称为"轴组构法"的建构方式。

首先用木料制造梁柱，将其拼装组合成建筑的承重骨架，之后再装上屋顶和墙壁。这种建构方法是闪耀在日本建筑历史长河中的影响深远的发明。正如此构法的创造历程，历史上的发明创造无不贴合地域的特征。比如酿酒：如果本地盛产马铃薯，则用马铃薯酿制；如果盛产稻米，则用稻米酿制。

无论我们的生活变得多么便利，我们都不能违逆自然环境的客观规律。所谓"因地制宜"的思想适用于世界上任何一处人居环境的建设。世界上不存在绝对理想的生存环境，然而今天，我们的生活开始越来越依赖于进口资源，反而淡忘了自身所处的土地的本真。难道这就是我们所追求的生活进化吗？

传统建构方法的现代进化

在现代社会的便利性遭到人们的质疑的同时，"生态（Ecology）"的概念亦开始被人们所关注。这个词中或多或少有些强调地域特色、鼓励生活方式重返过去的意味。然而我们的生活终究不能回溯至原始时代，那么这种回溯的分寸应如何把握呢？江户？明治？昭和？结论是，回到哪个时代都不合适，也不可能。我们不应消极地重返过去的时代，而应立足当下，为了我们自身的生存与发展，以当代特有的先进思想与技术减轻环境的负荷，以此促进现代社会的可持续发展，为民众提供快乐舒适的生活方式。想来这便是我们现代人所能做的全部。

黑川先生便是通过建筑设计来践行这一思想的。他不主张重返过去，也不提倡将传统自然观演绎为一种装饰性的外化形式，而是冷静地用现代人的态度来思考，为后来人留下了极为现代化的建筑构建思路，即"骨架原木"（Skeleton Log）与"骨架多米诺"（Skeleton Domino）建筑体系。一方面，两种体系的创造蓝本皆为日本木文化所孕育的传统"轴组构法"；而另一方面，两种体系的破题方式又极具现代性。

黑川先生自20世纪70年代开始涉足建筑设计行业，与同期的建筑师相似，他曾设计建造许多钢筋混凝土结构的建筑。当时，混凝土属于一种新型材料，在住宅建筑中的应用仍处于探索阶段。黑川先生也是作为一名钢筋混凝土建筑设计研究者而在从业之初便崭露头角，获得社会的好评与认可的。然而，进入20世纪80年代前半期即泡沫经济即将到来之时，黑川先生突然转向木构住宅设计领域。此前，黑川先生的设计一直在探讨混凝土框架结构，不经意间，他发现，如果建筑结构采用框架式，那么岂不是木构框架更具优势？不，只有木构才能实现现代日式理想空间的营造效果。如果利用现代木材与现代营建技术来推动日本传统"轴组构法"的进化，那么许多问题不是可迎刃而解了吗？

完成超越建筑形态本体的社会使命

黑川先生把握的第一个关键点是"二战"后大规模造林活动所产出的杉木材。这一造林活动开展至今已有60年，日本杉树大多成材可用，杉木材料步入稳定供应期，进入了可用阶段，又进入了必用阶段。于是黑川先生通过现代技术加工这些木材，使之成为具有标准线性轮廓的梁柱部件，并借鉴传统日式建筑构法，将梁柱拼装组合后附以屋顶、墙壁等外围护结构。以这种建造实践模式，黑川先生终于寻求到"建筑之使命"——以建筑的营建同时促成山林地的护育、林业经济之振兴以及本土式居住生活向健康性发展。

日本传统"轴组构法"形式已经难见于现代建筑之中了。虽然现代木构建筑中亦存在梁柱形式的构件，但实际上这些构件已无承重功能，反而是那些置入了斜撑件的墙壁成为了主要的荷重承接传导构件。所以，现代木构建筑不由"轴线"支撑，而由"面"支撑，黑川先生对此深表质疑。这种结构绝非"轴组构法"，如果硬要为其冠以名称的话，应为"轴组壁构法"。但不难发现，日本社会对于木构建筑的理解只停留在被黑川先生称作"轴组壁构法"的建筑之上，于是适应于该构法的廉价木材被大量进口，在战后经济逐步复兴的日本国内，"轴组壁构法"的木住宅开始大量生产。

一边是由诸建筑师所创造的新鲜时尚的混凝土建筑，一边是由建筑制造商大量生产的"轴组壁构法"木构建筑。除了黑川哲郎，没有任何一位建筑师敢于在这种社会趋势下着手探寻第三条设计之路。如果想探索新路，必须具有不随波逐流的自信和勇气，以及看透建筑进化之本质的冷静的判断力。

更重要的一点是，黑川先生在创造新的"建筑体系"的过程中深刻地认识到：建筑师的职能不在于"建什么"，而在于"怎样建"。他关注杉木材的应用，并非钟情于该材料所能营造的表面上的自然风情，而是将该材料视为一种在现代建筑中最值得应用的材料，置于与钢筋混凝土建材同等地位上予以研究探讨，从而为其探索出一条可行的利用途径。

建筑系统普及之思考

建筑师的责任不在于留下建筑作品，而在于推出新的建构系统。一个有效的建构系统不会仅仅适用于某个独立的建筑，因而，建构系统在推行之初便应被注入持续营建、逐步推广普及的相关思考。当然，建筑师亦可独占设计成果，设计出他人无法仿制的建筑作品。但黑川先生并未作出这样的选择。正因他所推出的"骨架原木"和"骨架多米诺"等建构系统的逐渐普及，森林才得到应有的养护，林业与木工技术才得以存续，人们才能够在安全健康的住宅中生活。黑川先生的关注点超越了建筑本体，他探讨的是人类社会永续循环发展。

就这样，黑川先生通过实践检验"骨架原木"与"骨架多米诺"的可行性，步入全新的为建筑进化而设计的征途。仿佛是在一直等待与"骨架原木"和"骨架多米诺"的相遇一样，这时的日本本土杉木终于走向它的黄金时代——沉睡已久的日本林业走向复兴，产自人工林的杉木材被运至城市，并借木工技术变身为一座座公共建筑和住宅。

　　黑川先生所开创的建筑进化的长征仍刚刚起步。在黑川先生强大的内心之中，一定冀求越来越多的同道者加入这一行列。

黑川哲郎（TETSURO KUROKAWA）

1943 年，生于中国北京。1966 年，毕业于东京艺术大学美术学部建筑系。1968 年，毕业于东京艺术大学研究生院，获硕士学位。1971 年，于东京艺术大学美术学部任助教。1979 年，参与创立"Design League"。1989 年，任东京艺术大学副教授。2001 年，任东京艺术大学教授。2011 年，任东京艺术大学名誉教授。2013 年去世。

● 主要设计作品（住宅）
钢结构：高岛邸。钢筋混凝土结构：黑田工房、重箱住居、甲斐邸。"在来工法"式木结构：田中邸、伊东邸。"骨架多米诺"式木构建筑：　山本邸、阵内工房、柏木邸等"壶中天地"系列、K & I 邸、I 邸。其中：无垢原木制的"K & I 邸"与无垢大截面锯材制的"I 邸"是"日本本土木材骨架多米诺住宅"的代表。

● 主要设计作品（公共建筑）
上野警察署动物园前派出所，横滨博览会樱木町入口设施，Footwork 大麓庄俱乐部，吉祥寺驿末广大道自行车停车场；"骨架圆木"式木结构：置户营林署厅舍，大分县立日田高等学校体育馆，郡上八番综合体育中心，大分县渔业协同组合臼杵鱼市场，UKIHA Arena（浮羽市立综合体育馆）

● 主要著作
《建筑光幻学——透光而不透明的世界》（鹿岛出版会），《窗·间户——日本之形式》（板硝子协会），《建筑的使命——联姻林业与建筑的"骨架多米诺"&"骨架原木"结构体系》（鹿岛出版会）

田中元子（MOTOKO TANAKA）

撰稿人、创意活动促进者。1975 年生于日本茨城县。自学建筑设计。1999 年，作为主创之一，策划同润会青山公寓再生项目"Do+project"。该建筑位于东京表参道。2004 年与人合作创立"mosaki"，从事建筑相关书刊的制作，以及相关活动的策划。工作之余开设"建筑之形的身体表达"工作坊，提倡边运动身体边学习建筑，并将相关活动整理出版为《建筑体操》一书（合著，由 X-Knowledge 出版社 2011 年出版）。2013 年，获得日本建筑学会教育奖（教育贡献）。在杂志《Mrs.》上发表连载文章《妻女眼中的建筑师实验住宅》(2009 年至今，文化出版局出版)等。http://mosaki.com/

后 记

　　我的丈夫黑川哲郎在攻读硕士学位期间，便开始将建筑的构成关系视为"部分与整体"而进行思考，尝试设计一些灵活多功能的建筑部件，例如像玻璃砖一样，既可用于室内装饰、又可用于建筑覆膜的部件等，并将建筑的钢架或钢混"骨架"视为这些自由部件的收纳体。于是，他设计了一些体现以上想法的建筑。在他看来，此类像组装汽车一样的"理性建造模式"若能在建筑设计中得以践行推广，那么迟早，住宅建筑的价值将不在于设计者对其赋予的个性，而在于通过其建造形式的广泛复制，自然而然成就街区的美丽。

　　1980 年左右，黑川已经有了一些木构住宅的设计建造经历。当时他发现，具有内部空间正交网格（由榻榻米席或障子来界定）的木构系统，其实很容易成为像汽车的底盘与车体构架一样的"解离于构造部件的建筑骨骼"。当时，国产集成木材价格偏高，他便利用进口集成材，实现"无横纵承重墙，与屋顶构架一体化的梁柱结构体系"，并在 13 个项目中运用。他将这个结构体系命名为"骨架多米诺"，可能因为法国建筑大师勒·柯布西耶曾提出"多米诺"建构体系，其中建筑要素只包含楼板、立柱和楼梯。该体系模式来源于日本传统"轴建筑"形式。在此建筑形式中，不受结构框架约束的自由开口、活动墙壁和流动空间给予柯布西耶极大的启发。"骨架多米诺"的命名或许就是为了让日本传统建筑结构体系的历史价值能够重新得到人们的珍视。

　　步入新千年后，"二战"后大量植育的人工杉树进入了适伐期，因此黑川用无垢杉树原木或锯材取代进口集成材，设计建造了"骨架多米诺住宅"。正当他准备以此为原型，推广"骨架多米诺的建构系统与方法"，以达到满足居住者需求、表现建筑师之个性、让地域木工们的技艺得以发挥的社会效应之时，不幸因病辞世。但在"骨架多米诺住宅"设计同道者的努力下，该建构形式的原型得以付诸实践，并开始走向共有化。

　　黑川生前著有《建筑的使命——联姻林业与建筑的"骨架多米诺"&"骨架原木"结构体系》（鹿岛出版会）一书。阅读过该书的真壁智治先生认为，"骨架多米诺住宅"应被视为"可拯救衰退山林的木构住宅的未来"，并劝说我们写了现在这本书。本书文字皆由黑川口述，我来记录。他指示我划分章节、选择插图，但他却未见成书而倏然离世。此书由制作到成形用了约一年的时间，其间，得到黑川曾工作过的大学研究室与设计工房内深解黑川建筑思想的堀启二、袴田喜夫、桥本久道、一二三晃代、青山友子等人的大力帮助。我要向他们表示由衷的感谢。此外，福井裕司先生在非常短的时间内为黑川所写的略显晦涩的文章作了英文翻译，我也要向他表示深深的谢意。

黑川洋子

2014 年 3 月

北京市版权局著作权合同登记号　图字：01-2018-3293

日本の木でつくるスケルトンドミノの家
/ SKELETON DOMINO HOUSE making from Japanese woods
著者：黒川哲郎
プロジェクト・ディレクター：真壁智治
解説・建築家紹介：田中元子［mosaki］

图片版权：堀启二（护封、P2、P3、P4、P7、P8、P9、P10、P12、P13、P14、P15），桥本久道（P17、P20、P21、P28右），一二三晃代（内封封面·封底、P19、P29），一二三晃代·青山友子（扉页、P11、P23下），一二三晃代·木股常精（P25右上），青山友子（P6），小林浩志（P22左·右、P23右、P26左·中·右、P27左·中·右、P30），壬生町教育委员会（P1），YKK AP（P22中），其余DESIGN LEAGUE
出典：日本建筑学会编《日本建筑史图集》彰国社（P2、P3、P8、P9、P10、P11），林野厅《森林·林业白书》（P17），《世界的汽车8 雪铁龙》二玄社（P28）

图书在版编目（CIP）数据

用木头建造的骨架多米诺之家 /（日）黑川哲郎著；杨希译. — 北京：清华大学出版社，2019.10
（吃饭睡觉居住的地方：家的故事）
ISBN 978-7-302-53891-2

Ⅰ. ①用… Ⅱ. ①黑… ②杨… Ⅲ. ①住宅－建筑设计－青少年读物 Ⅳ. ①TU241-49

中国版本图书馆CIP数据核字（2019）第214172号

责任编辑：冯　乐
装帧设计：谢晓翠
责任校对：王荣静
责任印制：杨　艳

出版发行：清华大学出版社
　　　　　网　　址：http://www.tup.com.cn，　　http://www.wqbook.com
　　　　　地　　址：北京清华大学学研大厦A座　　邮　编：100084
　　　　　社总机：010-62770175　　邮　购：010-62786544
　　　　　投稿与读者服务：010-62776969，c-service@tup.tsinghua.edu.cn
　　　　　质量反馈：010-62772015，zhiliang@tup.tsinghua.edu.cn
印装者：小森印刷（北京）有限公司
经　销：全国新华书店
开　本：210mm×210mm　　印　张：2　　字　数：44千字
版　次：2019年12月第1版　　印　次：2019年12月第1次印刷
定　价：59.00 元

产品编号：070027-01